Johannes Schmitz

Die glaziale Serie und die darin auftretenden Bodenbildungen

Bibliografische Information der Deutschen Nationalbibliothek:

Bibliografische Information der Deutschen Nationalbibliothek: Die Deutsche Bibliothek verzeichnet diese Publikation in der Deutschen Nationalbibliografie; detaillierte bibliografische Daten sind im Internet über http://dnb.d-nb.de/ abrufbar.

Copyright © 2016 Diplomica Verlag GmbH
Druck und Bindung: Books on Demand GmbH, Norderstedt Germany
ISBN: 9783961166718

http://www.diplom.de/e   die-darin-auftretenden-bodenbildungen

Johannes Schmitz

Die glaziale Serie und die darin auftretenden Bodenbildungen

Inhaltsverzeichnis

1. Aufbau der glazialen Serie

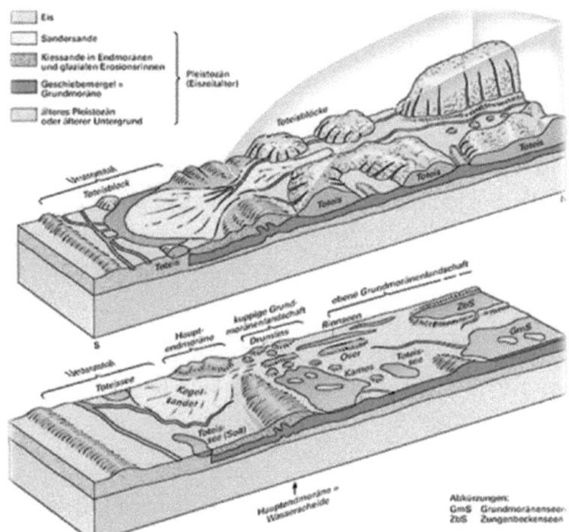

Abbildung 1: Glaziale Serie

Die Glaziale Serie ist eine Sammelbezeichnung für die idealtypische Anordnung und Abfolge glazialer und glazialfluvialer Formen und Sedimente in Landschaften, deren Relief in der Vergangenheit durch ehemalige Eisrandlagen geprägt wurde. Der Begriff wurde von Albrecht Penck und Eduart Brückner geprägt.

Die Grundmoränenlandschaft ist jene, welche sich in der Nähe des Eisrandes befand und zumeist als kuppige Grundmoräne bezeichnet wird. Sölle[1], Drumlins[2], glazialfluviale Kames[3] und Oser[4] sowie Seen, die sich in Schmelzwasserrinnen und Zungenbecken gebildet haben, sind hier vorzufinden. Die Grundmoränenlandschaft ist zumeist durch eine flache, leicht wellige bis kuppige Oberfläche gekennzeichnet, die auch eine Vielzahl von Seen miteinschließt. Das Material, welches der Gletscher im Eis mitgeführt hat, wurde durch das Ausschmelzen unter ihm abgelagert. Das vorliegende Korngrößenspektrum reicht von feinem Sediment (beispielweise Ton und Sand), über Kies bis hin zu großen Gesteinsblöcken (Findlinge).

---

[1] Durch das Schmelzen des Toteises sackt die darüberliegende Ablationsmoräne nach und es entstehen Sölle. Sölle sind meist annähernd kreisrund und trichterförmig, sie können aber auch unregelmäßig geformte Wannen oder Kessel sein.

[2] Drumlins kommen im Ablagerungsbereich von Gletschern vor. Dumlins sind stromlinienförmige Hügel, die aus Lockermaterial bestehen oder aus fluvialem Schotter von Schmelzwasserflüssen. Ihr Grundriss ist oval und in der Fließrichtung des Eises gestreckt.

[3] „Kames sind isolierte Schuttablagerungen unter stagnierendem Gletschereis, die nach Abschmelzen des Eises als Schutthügel im Gelände stehen." (Frank Ahnert 2009, S. 317)

[4] „Oser sind mit den Kames verwandt und erscheinen in der Landschaft als lange, oft gewundene Damme aus sortiertem, geschichtetem Sand und Kies." (Frank Ahnert 2009, S. 317)

Auf die Grundmoräne folgt die Endmoräne, die die Stillstandphase eines Gletschers kennzeichnet. Die Endmoräne beschreibt die Randlage des Gletschers, sodass sich, aus dem mitgeführten Material des Gletschers, Wälle anhäufen konnten. Dies ist jedoch auch durch das Aufschieben von Material durch den Gletscher zu erklären.

Darauf folgt der Sander, bei dem es sich um die Schmelzwassersedimente des Gletschers handelt. Das Schmelzwasser des Gletschers konnte große Mengen an Ton, Sand und Geröll fluvial transportieren, die sich hinter der Endmoräne, in der Nähe des Gletschervorlandes, ablagerten. Mit zunehmender Entfernung zur Endmoräne wird das fluviale Material, aufgrund seiner Schwere, immer feiner, sodass es nach seiner Korngröße abgelagert wurde. Im Alpenvorland spricht man nicht, wie in Norddeutschland vom Sander bzw. Sanderflächen, sondern von Schotterfeldern.

Den Abschluss der glazialen Serie (in Norddeutschland) bildet das Urstromtal, in dem die vereinigten Schmelzwässer nach Westen (zur Nordsee hin) abflossen. Im Alpenvorland sind Urstromtäler nicht auffindbar, da die Schmelzwässer in bereits existierende Täler nach Norden abflossen.

Die Sedimente sowie die Formen der glazialen Serie sind nur in den Jungmoränenlandschaften aus der Würm-Weichsel-Eiszeit[1] zu erkennen, da die Elemente der glazialen Serie der Altmoränenlandschaften durch eine periglaziale Überprägung meist nicht mehr identifizierbar sind (Vgl. Zepp 2014, S. 204 f.)

2. Auftretende Substrate und daraus resultierende Bodengesellschaften

2.1 Geschiebemergel

Während des Abschmelzens der weichseleiszeitlichen Gletscher kam insbesondere im östlichen Schleswig-Holstein Geschiebemergel zum Absatz. Geschiebemergel bezeichnet das zerriebene und überwiegend kristalline Gesteinsmaterial Skandinaviens und des Ostseebeckens, welches beim Vorrücken des Gletschers in das Eis aufgenommen wurde.

---

[1] Die Weichsel- sowie die Würmeiszeit begannen vor etwa 70000 Jahren und beschreiben die verschiedenen Orte, an denen sie auftraten. Die Weichseleiszeit ist Norddeutschland und die Würmeiszeit Süddeutschland bzw. konkreter den Alpen zuzuordnen (Vgl. F. Ahnert 2009, S. 321).

Dieses Material stammt aus der Kreidezeit und weist einen sehr hohen Carbonatanteil auf. Häufig liegt schluffreicher und sandiger Lehm vor, in dem sich Kies und Steine von unterschiedlichem Durchmesser befinden. Das Gesamtporenvolumen[1] des Sedimentes liegt bei 30 bis 40 Prozent, was bedeutet, dass eine dichte Lagerung der Zerriebsel und überwiegend feine Poren anzutreffen sind (Vgl. Kuntze 1998, S. 232).

Abbildung 2: Geschiebemergel

Die Bodenbildung auf dem Ausgangssubstrat des Geschiebemergels wurde durch den Rückzug des weichseleiszeitlichen Gletschers und dem in Schleswig-Holstein entstehenden Permafrostgebiet begünstigt. Durch das stetige Auftauen und Gefrieren des Bodens im Permafrostgebiet kam es zu kyroklastischen Gesteinszerfall[2], Frosthub[3] und Eiskeilbildung[4], sodass arktische und subarktische Frostmusterböden[5] entstanden, die wiederrum ein Lockersyrosem (OL) mit den Horizonten Ai/elC ausbilden konnten. Je nach Feuchtigkeit der Böden können an dieser Stelle auch Tundrengleye oder Moore auftreten (Vgl. Kuntze 1998, S.232).

Die stetige Erwärmung hatte eine permanente Tieferlegung der Dauerfrost-Obergrenze sowie die sich stärker verdichtende Tundrenvegetation zur Folge. Letzteres führte zu einer erhöhten Anreicherung an Huminstoffen, welche durch eine hohe Bioturbation[6] in den Oberboden gelangen konnten.

---

[1] Das Porenvolumen ist ein Begriff der Bodenkunde und bezeichnet das gesamte, mit Luft oder Wasser gefüllte Hohlraumvolumen des Bodens.

[2] Die Verwitterung durch Volumenvergrößerung des Wassers und der Bildung hoher Drücke beim Gefrieren wird als Kyroklastik bezeichnet

[3] Frosthub ist ein wichtiger Einzelprozess innerhalb der periglazialen Frostdynamik. Frosthub kommt durch das Wachstum von Eiskristallen senkrecht zur Abkühlungsfront zustande, die überwiegend von oben nach unten in den Untergrund eindringt.

[4] Eiskeile bilden sich in Frostspalten, in denen sich Schnee sammelt. In Tauperioden füllen sich die Spalten mit Wasser und im Winter gefriert dieses wieder, sodass ein Eiskeil entsteht. Beim Wiederholen dieses Vorganges vergrößern sich die Spalten.

[5] Frostmusterböden sind ein im periglazialen Formungsbereich weit verbreitetes Phänomen des Auftretens verschiedener Formen der Musterung des Oberflächensubstrats. Oft ist diese Musterung mit einer Sortierung nach unterschiedlichen Korngrößen verbunden.

[6] Bioturbation definiert die Veränderung der Struktur und Zusammensetzung suppiger, weicher und fester Sedimente durch grabende Organismen.

Somit war die Ausbildung eines Mulhumus-Horizontes möglich, sodass von dem Bodenprofil einer Pararedzina (RZ) mit den Horizonten Ah/elC gesprochen werden konnte (Vgl. Kuntze 1998, S. 232).

Bereits in den Phasen der Nacheiszeit des Holozäns kam es zur Carbonatauswaschung, die bis in den Unterboden gereicht haben dürfte. Eine intensivere Entkalkung und eine gleichzeitige Freisetzung von Residual-Ton und –Schluff aus den Kalk- und Mergelsteinkomponenten des Geschiebemergels sind auf die stark zunehmende Bewaldung zurückzuführen. Eine zusätzliche chemische Verwitterung der Silicat-Minerale führte zur Neubildung von metallorganischen Komplexverbindungen und Sesquioxid[1]-Mineralien, welche Mineralkörner umschließen und so zur Verbraunung führen. Eine Verlehmung des vorliegenden Bodens wurde zeitgleich durch die Gitterbausteine der verwitterten Silicate und deren Glimmermineralien mit einhergehender Kalium-Ionen-Freisetzung begünstigt. In Folge dessen kam es zur Ausbildung eines Bv-Horizontes, wodurch das Bodenprofil einer Braunerde vorzufinden war (Vgl. Kuntze 1998, S. 232 f.).

Jahreszeitliche und witterungsbedingte Schwankungen führten innerhalb der Braunerde zur Schrumpfung der Tonminerale im Bv-Horizont sowie zur Entstehung eines Krümelhorizontes im Zusammenhang mit der Tätigkeiten von Bodenorganismen im Ah-Horizont. Die zunehmenden Temperaturen und die dichter werdende Vegetation bewirkten eine Tondurchschlämmung und Lessivierung. Die Voraussetzung hierfür wurde erst durch eine Entbasung des Sorptionskomplexes im Oberboden, welche die Erniedrigung des pH-Wertes auf 6,5 bis 5,0 nach sich zog und somit die Dispergierung[2] der Bodenkollide in den Unterboden ermöglichte, geschaffen. Neben Tonmineralen, Huminstoffen und Silicatmineralien waren auch braune Sesquioxide an der Durchschlämmung beteiligt. Diese Feinsubstanzverluste bewirkten, im weiteren zeitlichen Verlauf, die Aufhellung des Oberbodens und die Ausbildung eines Al-Horizontes. Die starke Versauerung des Horizontes rief eine hohe Mineralverwitterung hervor, die eine stärkere Verbraunung in silicatreichen Substraten ermöglichte. So entstanden die Horizonte Al und Bv. Der darauffolgende Prozess zur Genese einer Parabraunerde, mit dem Bodenprofil Ah/Al/Bt/Bv/elC, war die Bildung eines Tonanreicherungshorizontes (Bt). Die Gelegenheit zur Bildung dieses Horizontes gaben Unterböden mit hohen pH-Werten und hoher Basensättigung, verlangsamte Wasserbewegungen und zeitgleiche Ausflockungen der im Sickerwasser transportierten Bodenkollide[3] sowie der stagnierende Prozess der Tonverlagerung durch Austrocknung oder endende Poren und Risse. Der Bt-Horizont der Parabraunerde ist gekennzeichnet durch einen höheren Tongehalt als der Al-Horizont, eine rötliche Färbung durch die Anreicherung von Eisenoxiden, einem überprägten Makrogrobgefüge[4] und Tonbelägen (Vgl. Kuntze 1998, S. 233).

---

[1] Sesquioxide sind im Boden meist nebeneinander vorkommenden Oxide, Hydroxide und Oxidhydroxide des Eisens, Mangans und Aluminiums.

[2] Die Dispergierung beschreibt die Zerlegung in Primärteilchen durch Entsalzung, Entkalkung, Art der Tonminerale und ist ein Teilprozess der Tonverlagerung. Die Lessivierung wird durch den Vorgang der Dispergierung gesteuert.

[3] Bodenkolloide sind fein verteilte Stoffe im Boden (z.B. Huminstoffe, Tonminerale und Sesquioxide), weisen aufgrund besondere physikalische Eigenschaften auf und haben den größten Anteil an der Austauschkapazität des Bodens.

[4] Makrogrobgefüge, entstehen durch Absonderungsprozesse, wie Wechsel von Quellung und Schrumpfung, in bindigen Böden.

Durch eine saure Nadelauflage, die aufgrund der hohen Bewaldung entstand, kam es in Bereichen des gemäßigt-humiden Klimas, auf sandreichem und wasserdurchlässigem Geschiebemergel, zur beinahe vollständigen Entbasung mit daraus resultierenden pH-Werten von unter 4,0. Dies hatte eine Beschleunigung der Verwitterung von primären Silicaten und Tonmineralen zur Folge, sodass freie Aluminium-Ionen innerhalb des Bodens vorlagen. Dies behinderte die weitere Tondurchschlämmung des Bodens und begünstigte somit letztlich die Ausbildung einer stark sauren Fahlerde mit folgendem Bodenprofil: Ah/Ael/Bt/elC (Vgl. Kuntze 1998, S. 233).

In humiden und gemäßigten Klimaten hatte die Tonanreicherung im Unterboden eine starke Verstopfung der Bodenporen zur Folge. Diese sogenannte „Einlagerungsverdichtung" sorgte für eine zunehmende Vernässung des Bodens, die sich durch deren Intensivierung (z.B. durch winterliche Nassphasen) und einen temporären Luftmangel äußerte. Während solcher Nassphasen konnten Eisen- und Manganoxide reduziert und verlagert werden. Typisch für diese Verlagerung sind gebleichte und an Sesquioxid verarmte (Ober)Bodenbereiche. Bei abnehmender Bodenfeuchte kam es anschließend zur Oxidierung von noch vorhandenen oder lateral hinzugefügten Einsen- und Mangan-Verbindungen aufgrund allmählicher Luftfüllung großer Bodenporen, sodass unregelmäßige, fleckenhafte Rostflecken auftraten. An größeren Holräumen (z. B. Risse, Klüfte oder Wurzeln) kam es zur erhöhten Wasserbewegung zur Zeit der Nassphasen. Daher ließen sich an solchen Holräumen die Reduktion und Fortfuhr der Sesquioxide durch hellgraue und verarmte Randzonen erkennen. Die Oxidation und Reduktion der Sesquioxide verlieh dem Boden das besondere, marmorierte und rostfleckige Aussehen. Böden, die durch Staunässe und hydromorphe[1] Merkmale entstehen, nennt man Pseudogleye. Ein Fahlerde-Pseudogley, wie in Abbildung drei zu sehen, entstand, wenn die Prozesse der Hydromorphierung in den Horizonten der Fahlerde abliefen. So war ein wasserleitender und rostfleckiger Ael-Sw-Horizont und ein verdichteter, wasserstauender sowie marmorierter Bt-Sd-Horizont zu sehen (Vgl. Kuntze 1998, S. 234).

Die auf dem Geschiebemergel entstandenen, unterschiedlichen Bodentypen wurden anthropogen im Kontext der menschlichen Besiedlung umgestaltet. Die Vegetation wurde allmählich zerstört, nicht zuletzt wegen vermehrtem Bedarf an Bau- und Brennholz sowie benötigter landwirtschaftlicher Nutzflächen, sodass der Boden langsam, aufgrund der fehlenden Pumpwirkung, durchnässte. So kam es in besonders feuchten Lagen zur Entstehung von Mooren (Vgl. Kuntze 1998, S. 234).

Durch die vermehrte Abholzung der Vegetation wurde letztlich eine sekundären Vegetationsform[2] begünstigt: Nadelholz- und insbesondere Heidevegetation. Die Streu dieser Sekundärvegetation ist nur schwer zersetzbar, nährstoffarm und führte zu einer starken Versauerung des Bodens. Hierdurch wurde die Nährstoffversorgung des Bodens behindert, sodass sich eine stark saure und torfähnliche Auflageschicht ausbildete. Durch die versickernden Niederschläge resultierten hieraus stark saure und niedermolekulare Verbindungen, die sich in den Ah- und Al-Horizonten anreicherten, die arm an Ton waren und dort eine hohe Verwitterung der vorliegenden Silicate hervorriefen.

---

[1] Hydromorphe Böden sind grundwasserbeeinflusste Böden. Zu ihnen gehören Gleye, Anmoore und Niedermoore
[2] Die Sekundärvegetation tritt nach Zerstörung der vorhergehenden Primärvegetation auf. Hier wird von einer natürlichen und nicht anthropogen angelegten Sekundärvegetation gesprochen.

Die dabei entstandenen Eisen-, Mangan- und Aluminium-Verbindungen wanderten als organo-mineralische[1] Komplexverbindungen mit dem Sickerwasser abwärts (Vgl. Kuntze 1998, S. 234).

Dadurch hinterließen sie einen zunehmenden und silicatarmen (in seltenen Fällen silicatfreien) Ae-Horizont. Die transportierten Stoffe gelangten dann in silicatreichere Bereiche mit höheren pH-Werten und basischen Kationen, wo sie durch Aufnahme weiterer Aluminium- und Eisen-Ionen und durch Oxidation ausgefällt wurden. Diese Ausfällungsprodukte umrahmten im Laufe ihrer Anreicherung Mineralkörner. Diese sind mikroskopisch als „dunkle Rinde" an den Mineralkörnern zu erkennen. Dieses sogenannte „Hüllengefüge" ist typisch für Bsh- und Bhs-Anreicherungshorizonte. Dieser Prozess wird auch Podsolierung genannt, tritt jedoch auf Geschiebemergeln sehr selten auf. Ebenso selten findet man dementsprechend den daraus erfolgenden Bodentyp des Podsols. Unter Sekundärvegetation weist er folgende Bodenhorizonte auf: L/Of/Oh/Ah/Ae/Bhs/C. In Gebieten mit Laubwald tritt die Podsolierung nur sehr selten auf (Vgl. Kuntze 1998, S.235).

Die hier beschriebenen Bodenbildungsprozesse auf dem Ausgangssubstrat des Geschiebemergels unterliegen in der Natur zahlreichen Faktoren. Sofern einer dieser (ausschlaggebenden) Faktoren nicht oder verändert auftritt, kann die Bodenbildung anderweitig verlaufen oder gar stagnieren. Somit stellt die unten stehende Abbildung bodenbildende Prozesse da, die auftreten können, aber nicht zwangsläufig auftreten werden oder bereits aufgetreten sind (Vgl. Kuntze 1998, S. 235).

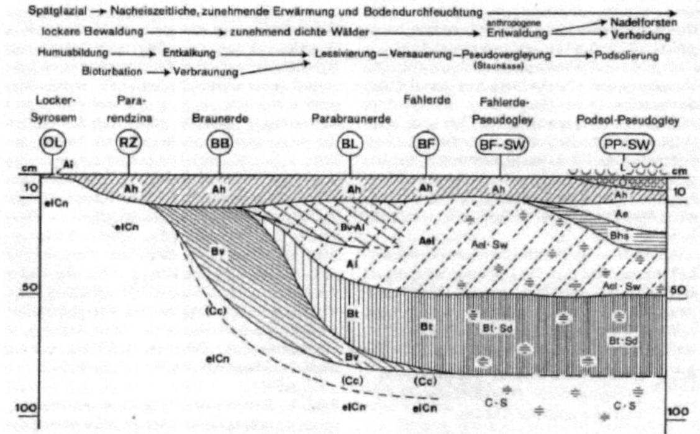

Abb. 116. Bodenentwicklung auf weichseleiszeitlichem Geschiebemergel seit dem Spätglazial der Weichseleiszeit im atlantisch-gemäßigten Klimagebiet Mitteleuropas. Stark schematisch. (Entwurf ROESCHMANN 1984).

Abbildung 3: Bodenbildende Prozesse auf Geschiebemergel

---

[1] Organo-mineralische Verbindungen sind eine Verbindung zwischen mineralischen (anorganischen) und organischen Stoffen. Die Komplexe entstehen aufgrund von ionischen Bindungen, Wasserstoffbrückenbindungen und/oder einem Dipol-Charakter.

2.2 Sandige Substrate

Zu den sandige Sedimentgesteinen, auf denen sich Böden entwickelt haben, zählen glazigene[1] Sande, glazialfluviatile[2] Sande, eiszeitliche Schmelzwassersande, fluviatile Sande des Holozäns aus Bereichen der Flüsse und Bäche, marine Sande und äolische[3] Sande, die sich im Pleistozän[4] und Holozän[5] als Decksande in Form von Dünen abgelagert haben.

Ein Beispiel für ein äolisch abgelagertes Sediment im norddeutschen Flachland ist jenes, welches sich im Spätglazial der Weichselzeit (vor etwas 11000 Jahren) in einer zwei Meter mächtigen Flugsanddecke abgelagert hat. Das Ursprungsgebiet dieses Sandes befindet sich in einer Grundmoränenlandschaft nahe Hamburg, die bereits im Warthe-Stadium entstanden ist. Die kräftigen Winde des periglazialen[6] Klimas wehten die silicatfreien fein- bis mittelsandigen Flugsande aus und hinterließen lediglich ein Steinpflaster mit windgeschliffenen Relief. Nach der Sedimentation des trockenen und lockeren Sandes kam es im Spätglazial zu ersten pedogenetischen (bodenbildenden) Prozessen. Der erste ablaufende Prozess war die kyroklastische Zerkleinerung der Sandkörner und deren gut spaltbare Silicate. Die später eintretende Tundrenvegetation führte zu einer organischen Auflage, die die Humusbildung begünstigte. Die hohe Bioturbation in diesem Oberboden führte zu der Ausbildung eines Lockersyrosems mit einem Ai-ICn-Profil. Die Genese eines Regosols (Ah/ICv/ICn) lässt sich zeitlich zu Beginn des Holozäns bzw. des Spätglazials zuordnen (Vgl. Kuntze 1998, S. 244).

In der darauffolgenden Trockenzeit boten sich, aufgrund fehlender Feuchtigkeit, keine Voraussetzungen für eine dichtere Vegetation. Die chemische Verwitterung des ICv-Horizontes war jedoch aufgrund der fortschreitenden Versauerung möglich, die bereits im Holozän eingesetzt hatte. Eine Intensivierung dieses Prozesses war aufgrund des feuchter werdenden Klimas und der dichteren Eichen-Birkenwald-Vegetation gegeben und führte gleichzeitig zu einer langsamen Neubildung von Tonmineralen. Im weiteren Verlauf dieser Prozesse entwickelte sich ein schwach toniger und gelbbrauner Bv-Horizont und somit eine Braunerde mit einem Ah/Bv/ICv/ICn-Profil (Vgl. Kuntze 1998, S. 245).

Nachdem der Boden einen schwach sauren pH-Wert erreicht hatte, setzte der Prozess der Bodendurchschlämmung ein, welcher die durch Kyroklastik zersplitterten Silikate und die neu gebildeten Tonminerale betraf. Aufgrund der großen Hohlräume des sandigen Bodens wurden am Prozess der Bodendurchschlämmung, neben Feinton, Grobton und Feinschluff beteiligt. Unterhalb des Bv-Horizontes erfolgte die Ablagerung der Bodenteilchen, sodass ein geschichteter IC-Horizont entstand, durchzogen von zentimeterdicken Tonanreicherungsbändern. Die beschriebenen Tonanreicherungsbereiche findet man ausschließlich in Sandböden, da dort die Änderung der Fließgeschwindigkeit des Feinstoff transportierenden Sickerwassers im Zusammenhang mit dem vertikalen Wechsel der Porengrößenverteilung steht (Vgl. Kuntze 1998, S. 245 f.).

---

[1] Glazigene Sande stellen Sedimente dar, die unmittelbar vom Gletscher- oder Inlandeis abgelagert wurden.

[2] Glazialfluviatil ist die Verschmelzung der Wörter glazial („eiszeitlich") und fluvial (vom Fließgewässer mitgeführtes und zerkleinertes Material).

[3] Äolisch Sedimente werden vom Wind transportiert und geschliffen.

[4] Das Pleistozän stellt einen Zeitabschnitt der Erdgeschichte dar, der vor ca. 2,5 Mio. Jahren begann und etwa vor 10000 Jahren endete.

[5] Das Holozän ist ebenfalls ein Zeitabschnitt der Erdgeschichte, der jedoch vor ca. 10000 Jahren einsetzte und immer noch gegenwärtig ist.

[6] Periglazial bezeichnet ein unvergletschertes Gebiet, welches durch seine geologische Vergangenheit geprägt wurde. Hierzu zählen klimatische Bedingungen und geomorphologische Prozesse.

Insbesondere während der Austrocknungsphasen des Unterbodens nach stärkerer Durchfeuchtung tritt dieser Prozess auf. Die Ablagerungen von Tonbändern sind häufig nicht an Schichtgrenzen gebunden, was sich durch den Absatz von verlagerten Feinstoffen in Austrocknungsfronten versickernden Bodenwassers und der damit einhergehenden Veränderung der Porengröße des Sandes erklären lässt. Im fortlaufenden Prozess der Tondurchschlämmung kam es somit zur Ausbildung einer zunehmenden Tonanreicherung an solchen Stellen. Dies erklärt auch die Tatsache, dass es Tonbänder gibt, die schräg oder gar vertikal zur Schichtung verlaufen. Ein weiterer Ansatz zur Entstehung von Tonbändern ist, dass Sickerwasserfronten innerhalb des Bodens, aufgrund von eingeschlossener Luft, zum Stillstand kamen und so die transportierten Feinstoffe bei langsamer Verdunstung abgesetzt wurden. Die hohe Wasserdurchlässigkeit des carbonatfreien Flugsandes im gemäßigt-humiden Klima dürfte die im schwach sauren Boden ablaufende Tondurchschlämmungsphase beschleunigt haben, sodass unter dem an Ton verarmten Al-Bv-Horizont vergleichbar schnell ein ICv-Bbt-Horizont mit Tonanreicherungsbändern entstand. Somit war das Bodenprofil einer Parabraunerde gegeben (Vgl. Kuntze 1998, S. 246).

Der Prozess der Podsolierung wurde durch die Versauerung des Oberbodens, die durch eine relativ schnelle Auswaschung basischer Verwitterungsprodukte, der langsamen Nachlieferung eben dieser durch die Silicatverwitterung, ein Ausklingen der Tonverlagerung und dem Vorhandensein einer sauren Auflage (durch Streu von Waldbäumen) ermöglicht wurde, in Gang gesetzt. Die charakteristische Bildung und Verlagerung von metallorganischen Komplexverbindungen von Aluminium und Eisen konnte unter der Vegetation von Laubwäldern nur langsam ablaufen. Zusammen mit einer stärkeren Versauerung des Al-Bv-Horizontes kam es zur Entstehung von podsoligen Bänderparabraunerden oder, bei fehlenden Tonbändern, zu Sauerbraunerden oder Rosterden. Die ehemaligen Waldböden wurden durch die eintretende anthropogene Entwaldung und die darauffolgende Sekundärvegetation (wie beispielsweise Heide) überprägt. Angesichts der hohen Wasserdurchlässigkeit und der fehlenden Pufferkapazitäten fand dieser Ablauf in verstärktem Ausmaß statt. Die Ausbildung eines Podols (O/Ah/Ae/Bh/Bsh) war dementsprechend gegeben. Wenn die Reste einer Parabraunerde im Al-Bv-Horizont vorliegen und der Podsol B-Horizont als unverfestigte Orterde ausgebildet ist, spricht man von einer Podsol-Bänderparabraunerde bzw. eine Podsol-Braunerde (Vgl. Kuntze 1998, S. 246).

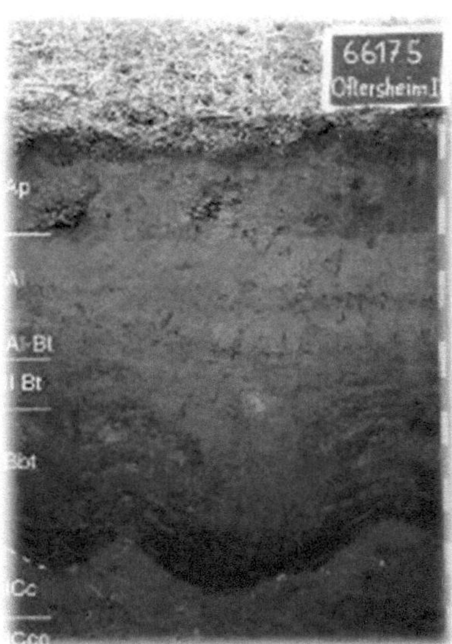

Abbildung 4: Bodenprofil der Bänderparabraunerde

Es kann auch zur Ausbildung von hartem Ortstein in den Bmh- und Bmsh-Horizonten kommen, sofern die Podsolierung noch weiter intensiviert wird. Bänderparabraunerden gelten mittlerweile als reliktisch, da sie nicht selten von Ortstein oder dunklen Ausfällungsprodukten der Podsolierung überprägt wurden. Man erkennt sie lediglich an ihrer rötlichbraunen Tonbänderung oder an einer Art Doppelbänderung. Letzteres ist auch als Bänderparabraunerde-Podsol bekannt. Ortstein kann im Allgemeinen das Tiefenwachstum von Pflanzen erschweren oder gar behindern, sodass nur die Durchwurzelung von Ah-, Ap- oder dem nährstoffarmen Ae-Horizont zur Verfügung steht. So kann es, angesichts der unbeeinflussten Versickerung des Bodenwassers, in regenarmen Zeiten zu Wassermangel und Trockenschäden der Vegetation kommen. Aufgrund dessen sind Ortsteine vornehmlich tiefengepflügt, um eben diesen zu brechen. An dieser Stellen entstehen Podsol-Treposole, auch Zebraböden genannt. Das Tiefenpflügen führt zum Umbrechen der Horizonte, sodass schräg abgelagerte Tiefpflugbalken zu erkennen sind. Die Horizonte stehen vermeintlich „auf dem Kopf" und werden daher mit der Fellzeichnung eines Zebras verglichen (Vgl. Kuntze 1998, S. 247).

Abbildung 5: Ortstein

Die beschriebenen pedogenetischen Prozesse treten in Abhängigkeit verschiedener Gegebenheiten (z.B. der petrographischen[1] Unterschiede) auf. Entsprechend der vorliegenden Voraussetzungen werden einige pedogenetische Prozesse verstärkt, vermindert oder gar nicht durchlaufen. Auch die Vegetation spielt durch die organische Auflage über dem Oberboden eine große Rolle (Vgl. Kuntze 1998, S. 247).

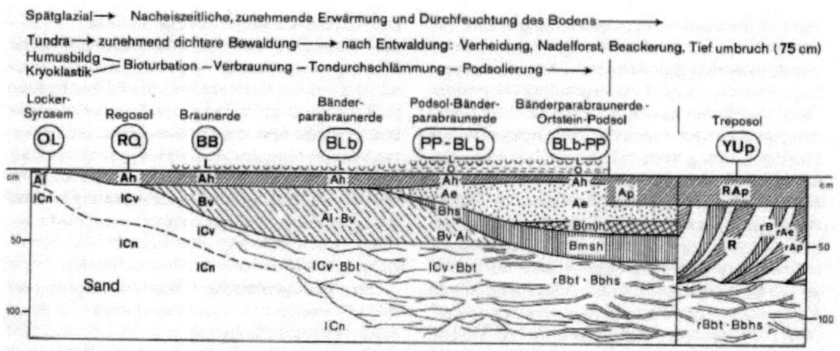

Abb. 120. Bodenentwicklung auf weichseleiszeitlichem Sand seit dem Spätglazial der Weichseleiszeit im gemäßigten Klimagebiet Mitteleuropas. Stark schematisch (Entwurf ROESCHMANN 1984).

Abbildung 6: Bodenbildende Prozesse auf sandigem Substrat

---

[1] Die Petrografie ist die Gesteinskunde. Sie befasst sich mit der chemischen und physikalischen Beschaffenheit der Gesteine sowie ihren Eigenschaften, ihrer Zusammensetzung und ihrer Körnung

2.3 Versumpfte Gebiete

In den Urstromtälern, den hydromorphen Gebieten der glazialen Serie, findet man andere Böden und Bodengesellschaften vor, als auf Geschiebemergel oder sandigen Ausgangssubstraten. Die Urstromtäler sind gekennzeichnet durch die Schmelzwasserströme des abgeschmolzenen Eises, die parallel zum Eisrand des Gletschers verliefen. Häufig weisen die Urstromtäler einen ostwestlichen Verlauf auf, da die Abdachung des Landes sowie des Inlandeises bzw. der Schmelzwasserablagerungen eine ostwestliche war.

Die vorliegenden Bodengesellschaften innerhalb des Urstromtals sind, aufgrund der vorliegenden Grundwassernähe, sogenannte Grundwasserböden[1]. Hierzu zählen Gleye, An- und Niedermoore, die häufig im Laufe der Zeit anthropogen entwässert wurden, um weitere Flächen für die Landwirtschaft zu erschließen. Die Enttorfung oder die Verwendung der Fehnkultur in Mooren ist bis heute nicht unüblich. Ersteres bezeichnet die Aufschüttung von Torf, um dem grundwasserhaltigen Boden das Wasser zu entziehen und Letzteres beschreibt das Anlegen von Kanälen und die Aufschüttung von Schlick, um das Moorgebiet landwirtschaftlich nutzbar zu machen (Vgl. Semmel 1993, S. 67 ff.).

Gleyböden treten, wie bereits erwähnt, dort auf, wo der Grundwasserspiegel nahe der Oberfläche liegt. Der ständig im Grundwasser liegende Teil des Bodenprofils ist durch Reduktion und eine gräuliche Färbung geprägt. Der Teil des Bodens, der über dem Grundwasserspiegel liegt, ist ein bräunlicher Oxidationshorizont. Des Weiteren kann auch ein Pseudogley in Böden mit langanhaltender Staunässe[2] und wiederholter Austrocknung auftreten. Der Boden ist ebenfalls gräulich, jedoch vom braunen Eisenoxidflecken durchzogen, die durch eine undurchlässige Schicht im Unterboden entstehen (Vgl. Ahnert 2009, S.78).

3. Böden der Jungmoränenlandschaften

Der Begriff der Jungmoräne beschreibt eine Landschaftsform, welche in ehemals vergletscherten Gebieten auftritt. In Europa sind Jungmoränenlandschaften meistens etwa 15000 bis 115000 Jahre alt und entstammen somit der nördlichen Weichsel- bzw. der südlichen Würmeiszeit. Aufgrund des lebhaften Reliefs sind Jungmoränenlandschaften mit dem bloßen Auge gut zu erkennen (Vgl. Liedke 2002, S. 207).

Die Böden der Jungmoränenlandschaften sind in den Gebieten nördlich der Pommerschen Eisrandlage sowie südlich der Pommerschen Eisrandlage zu finden. Hierbei spricht man von den jüngeren Jungmoränengebieten und den älteren Jungmoränengebieten.

---

[1] Grundwasserböden haben die Bodenhorizontabfolge G (Grundwasserbeeinflusster Bodenhorizont)/Gr (Horizont, der ständig unter Grundwassereinfluss steht)/Go (Oxidierter Horizont, der im Grundwasserschwankungsbereich liegt). Der Gr-Horizont weist eine typische blau-grün Färbung auf, wohingegen der Go-Horizont Rostflecken aufweist. Sofern ein Tort-Horizont aufliegt, wird dieser mit einem H gekennzeichnet.

[2] Böden, die durch staunässe beeinflusst sind, haben folgende Horizontabfolge: S (Staunässebeeinflusster Unterbodenhorizont)/Sw (Stauwasserleitende Schicht im Unterboden)/Sd (Dichter, wasserstauender Unterbodenhorizont).

In den jüngeren Jungmoränengebieten nördlich der Pommerschen Eisrandlage sind überwiegend Geschiebemergel, kalkfreier Lehm oder lehmiger Sand vorzufinden, die eine Mächtigkeit bis zu mehreren Metern aufweisen können. Einen kuppig-hügeligen Oberflächencharakter zeigen die Endmoränengebiete ebenfalls auf (siehe Abbildung sieben). Des Weiteren sind in Jungmoränenlandschaften vornehmlich unausgeglichene Entwässerungsstrukturen sowie relativ geringe Entkalkungstiefen (0,8 bis 1,5 Meter) anzutreffen. Die dominierenden Bodenarten der Jungmoränengebiete sind Parabraunerden und Pseudogleye, dennoch ist eine hohe Heterogenität der Bodendecke gegeben. In hydromorphen Jungmoränengebieten, wie beispielweise in den Küstenregionen Mecklenburg-Vorpommerns, sind primär Pseudogley- und Gleyböden anzutreffen. Parabraunerden und schwarzerdeähnliche Böden findet man hingegen in Schleswig-Holstein, Mecklenburg-Vorpommern und der Uckermark. Hieraus resultiert eine Abfolge der Böden von Nordwest nach Südost, die im Zusammenhang mit dem vorliegenden Klimata steht: Der Nordwesten ist durch den maritimen Küstenbereich und der Südosten durch das kontinentale Binnenland geprägt (Vgl. Liedke 2002, S. 208).

In den älteren Jungmoränengebieten herrschen großflächig sandige bis lehmig-sandige Sedimente sowie lehmige Grundmoränen mit sandigen Decken aus Geschiebemergel oder Flugsand vor. Dies gilt insbesondere für viele Teile Brandenburgs. Die vorliegenden Entkalkungstiefen sind mit einer Mächtigkeit von 1,0 bis 2,0 Meter höher, als die der jüngeren Jungmoränengebiete. Die vorherrschenden Bodenarten sind die der Braunerde und der Podsol-Braunerde. In den Grundmoränenplatten treten diese Bodenarten auch häufig in Kombination mit Parabraunerden und Fahlerden auf. Im Allgemeinen folgt die Ausbildung der Bodendecke jedoch der regelhaften Abfolge der glazialen Serie und den entsprechenden charakteristischen Bodengesellschaften und deren Nutzungsformen (Vgl. Liedke 2002, S.208).

Die untenstehende Abbildung zeigt die typische Abfolge der glazialen Serie und der in der Regel darin auftretenden Bodenarten. Das hydromoph geprägte Urstromtal besitzt das Bodenprofil eines Niedermoores, wohingegen verschiedene Gley-Podsol-Gesellschaften im Übergangsbereich vom Moor zum Sander und innerhalb der Sanderfläche zu finden sind. Auf den Flächen, in denen sich die Böden auf dem Ausgangssubstrat des Geschiebemergels gebildet haben, sind überwiegend Parabraunerden zu finden. In anthropogen überprägten Flächen sind auf dem Ausgangssubstrat des Geschiebemergels Kultorendzinen zu finden.

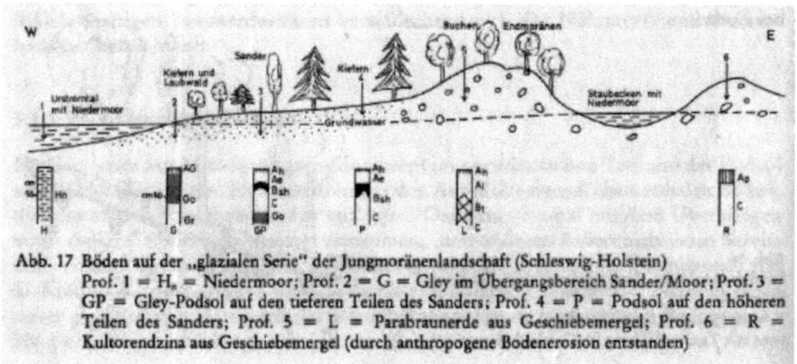

Abb. 17 Böden auf der „glazialen Serie" der Jungmoränenlandschaft (Schleswig-Holstein)
Prof. 1 = H₀ = Niedermoor; Prof. 2 = G = Gley im Übergangsbereich Sander/Moor; Prof. 3 = GP = Gley-Podsol auf den tieferen Teilen des Sanders; Prof. 4 = P = Podsol auf den höheren Teilen des Sanders; Prof. 5 = L = Parabraunerde aus Geschiebemergel; Prof. 6 = R = Kultorendzina aus Geschiebemergel (durch anthropogene Bodenerosion entstanden)

Abbildung 7: Bodenprofile der Jungmoränenlandschaft

Zusätzliche Charakteristika der Jungmoränenlandschaften sind in den nördlichen Bereichen ein hohes Seenreichtum (beispielsweise Mecklenburg-Vorpommern), abflusslose Hohlformen und ein unübersichtliches Gewässernetz. In südlichen Regionen fließt das Schmelzwasser hingegen in bereits vorhandene Formen ab, sodass keine Seen und Gewässernetze neu entstehen. Ebenso ist der Boden häufig von Eiskeilen durchzogen, da das Wasser in vorhandene Bodenrisse floss und dort den Boden „aufriss", indem es seinen Aggregatzustand in Kalt-und Warmphasen veränderte (von fest zu flüssig und umgekehrt) und somit auch sein Volumen. Die anthropogenen Flussbettverlegungen zählen mittlerweile ebenfalls zu den Charakteristika der südlichen Jungmoränenlandschaften (Vgl. Semmel 1993, S. 67 ff.).

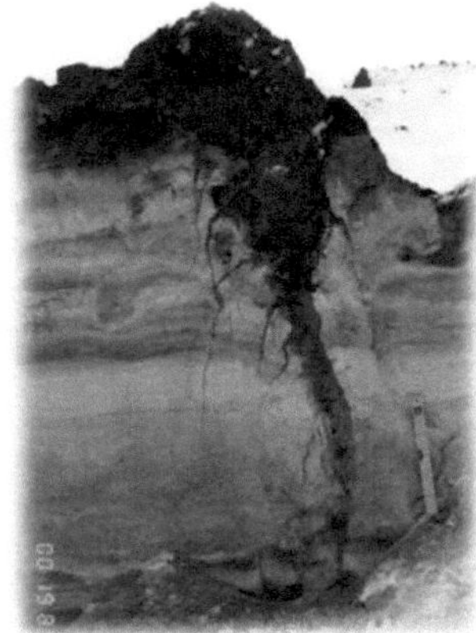

Abbildung 8: Eiskeil

4. Böden der Altmoränenlandschaften

Die Altmoränenlandschaft beschreibt, ebenso wie die Jungmoränenlandschaft, eine Landschaftsform, welche jedoch, im Vergleich zur Jungmoränenlandschaft, wesentlich älter (130000 bis 800000 Jahre alt) und der Saale- bzw. Rißeiszeit oder der Grünz-Kaltzeit zuzuordnen ist. Häufig sind Altmoränenlandschaften kaum noch zu erkennen, da sie bereits wieder überprägt wurden (Vgl. Liedke 2002, S. 208).

Die Gebiete der Altmoränenlandschaften sind in lößfreien Gebieten zu finden. Das Ausgangsmaterial sowie das Relief der Altmoränengebiete in Norddeutschland wurden durch periglaziale Vorgänge der letzten Eiszeit stark verändert. Die Entkalkungstiefen sind beispielweise, im Vergleich zu denen der Jungmoränengebiete, mit bis zu mehreren Metern wesentlich tiefer. Auch die Ausspülung des Feinmaterials und die damit einhergehende Nährstoffarmut der Böden und die flächenhafte Verbreitung von Decksedimenten, wie Sandlöß[1], Geschiebedecksand[2] und Flugsand[3], stellen ebenfalls einen Kontrast zu den

---

[1] Sandlöß ist eine Übergansstellung zwischen Flugsand und Löss. Zumeist ist dieser entkalkt.

[2] Geschiebedecksande bezeichnen die umgeschichtete und strukturlose Sandlage von weniger als einem Meter

[3] Mächtigkeit, welche die Grundmoränen und Schmelzwassersande Norddeutschlands überzieht.

Flugsand ist vom Wind transportiertes Material, das bei nachlassender Transportkraft akkumuliert wird.

Jungmoränengebieten dar. Das Verbreitungsgebiet der Altmoränenlandschaften reicht gürtelförmig von Nordwestdeutschland bis in die Niederlausitz. Zumeist trifft man hier Braunerde-Podsol-Gesellschaften (Braunpodsole) an, sofern kein Grundwassereinfluss vorhanden ist. Bei letztgenanntem kommt es zur Bildung von Pseudogleyböden. Die Jung- und Altmoränengebiete kennzeichnen durch die in ihnen auftretenden Moore die charakteristische Oberflächengestalt Norddeutschlands. In küstennahen Gebieten spricht man von Durchströmungsmooren[1], die in den End- und Grundmoränen sowie den Sanderflächen auftretenden Moore werden hingegen als Verlandungs[2]- und Kesselmooren[3] deklariert. In Nordwestdeutschland trifft man auch Versumpfungsmoore[4] an, die für Talsandgebiete und Niederungen älterer Vereisungsstadien typisch sind (Vgl. Liedke 2002, S. 208 f.)

Altmoränengebiete sind auch im Alpenvorland vorzufinden, jedoch unterscheiden sich die nördlichen und südlichen Altmoränengebiete in ihren glazialen Sedimenten. Im Alpenvorland sind kalkhaltige, weniger sandige Moränen und Schotterplatten mit basenreichen Parabraunerden dominant. Zudem reichen auch die Entkalkungstiefen deutlich tiefer und das Relief ist homogener, wohingegen die Deckschicht der Altmoränengebiete aus kalkfreiem Staublehm besteht und somit die Bildung eines Pseudogleys begünstigt wird (Vgl. Liedke 2002, S.209).

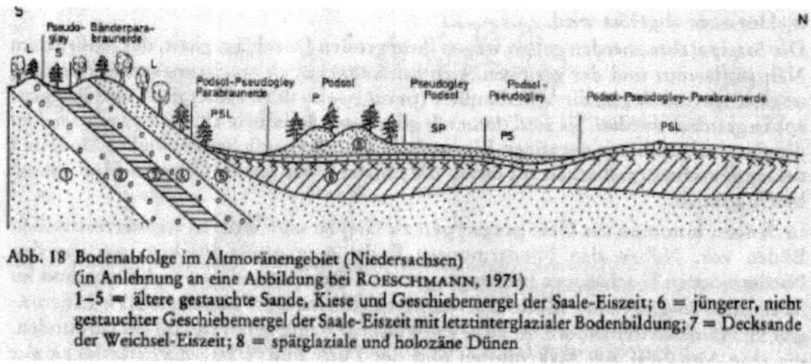

Abb. 18 Bodenabfolge im Altmoränengebiet (Niedersachsen)
(in Anlehnung an eine Abbildung bei ROESCHMANN, 1971)
1–5 = ältere gestauchte Sande, Kiese und Geschiebemergel der Saale-Eiszeit; 6 = jüngerer, nicht gestauchter Geschiebemergel der Saale-Eiszeit mit letztinterglazialer Bodenbildung; 7 = Decksande der Weichsel-Eiszeit; 8 = spätglaziale und holozäne Dünen

Abbildung 9: Bodenprofile in der Altmoränenlandschaft

---

[1] Durchströmungsmoore entstehen in Landschaften mit hohem und gleichmäßigem Grundwasserangebot, wie beispielsweise Täler oder Talränder. Hier muss ebenfalls die Durchströmung des Wassers durch den Moorkörper gegeben sein.

[2] Verlandungsmoore können durch Stillwasserverlandungen von natürlichen Gewässern entstehen. Insbesondere in den Senken des Sanders, der End- und Grundmoräne im jungpleistozänen Raum sind Verlandungsmoore vorzufinden.

[3] Kesselmoore entstehen in geschlossenen, kesselartigen Hohlformen, die nach Rückzug des Inlandeises durch das Abschmelzen von Toteisblöcken entstanden sind. Seltener geht diese Moorform aus Verlandungs- oder Versumpfungsmooren hervor.

[4] Versumpfungsmoore entstehen durch Wasserrückstau auf undurchlässigem Substrat oder durch Grundwasseranstieg auf durchlässigem Substrat. Versumpfungsmoore treten nahezu überall in Deutschland auf.

5. Glazialmorphologische Landformen

5.1 Geest

Die Geest wird als glazialmorphologische Landform deklariert, die insbesondere in Norddeutschland, Flandern[1], den Niederlanden und Dänemark auftritt. Erdgeschichtlich lässt sich die Geest zu den saaleeiszeitlichen Grund- und Endmoränen und dem weichseleiszeitlichen Sandern zählen. Die Geest entstand durch Sandablagerungen, sodass sie eine höhere Ebene, einen sogenannten Geestrücken, ausbildete. Die Geest gilt als unfruchtbares Land, auf deren Sanden sich zumeist Podsole finden lassen, die sich auf das maritim beeinflusste Klima, das nährstoffarme und durchlässige Substrat sowie die Heide- und Nagelholzvegetation (Sekundärvegetation) zurückzuführen sind. Auch Sekundär-Podsole lassen sich im Bereich der Geest finden, die auf den Oberböden von Sandparabraunerden bzw. Bänderparabraunerden durch die Sekundärvegetation begünstigt wurden. Heidepodsole weisen sogar Ortsteineigenschaften und einen nach unten gleichmäßig begrenzten B-Horizont auf. Zumeist wurden Geestböden anthropogen umgestaltet, da ein Tiefen-Umbruch durch Ortstein-Podsole von Nöten war (Vgl. Semmel 1993, S.63 f.).

Abbildung 10: Geestlandschaft mit Sekundärvegetation (Heide)

5.2 Marsch

Die Marsch ist eine glazialmorphologische Landform, die in der Nähe von Küsten und Flüssen anzutreffen ist. Sie beschreibt flache Landstriche, die sich auf Meeresspiegelhöhe befinden und aus einem anthropogen trockengelegten Wattgebiet hervorgehen. Die Trockenlegung eines solchen Gebietes gelingt durch die Eindeichung, die insbesondere der Landgewinnung dient. Die in der Marsch vorliegenden Böden sind sogenannte Gleymarschen. Um einen Boden dieser Bodenart zuordnen zu können, müssen folgende Voraussetzungen erfüllt sein: Die Zuordnung des Gebietes, in der der Boden vorliegt, zur Marschlandschaft, litorale Sedimente, wie beispielsweise Schluff, sollten ebenso, wie ein junger Boden aus dem Holozän, existieren.

---

[1] Flandern ist eine der drei Regionen Belgiens und zählt somit zu einem Gliedstaat des belgischen Bundesstaates. Flandern lässt sich im nördlichen Teil Belgiens verorten.

Die Marschlandschaften sind, im Vergleich zur Geest, sehr fruchtbar. Sie entstanden durch fluviatile und maritime Sedimentationen von feinkörnigen Substraten während des jüngeren Holozäns. Das Absetzen von Tonkorngrößen in Flussmündungen oder Küsten durch mittleres Tidehochwasser lässt ein zunehmendes Wachsen des Sedimentes zu. Lediglich bei Sturmfluten kommt es zu einem gelegentlichen Übergreifen des Gezeitenwassers, sodass eine Übersandung stattfindet. Dies begründet die in den Marschen sedimentär bedingte Bodenabfolge. Der Prozess der Marschenentstehung wird, wie bereits oben vermerkt, durch Eindeichen verstärkt. Auf der nach der Eindeichung freiliegenden Fläche setzt Verwitterung und Bodenbildung ein. Dem zur Folge werden lösliche Salze nach wenigen Jahren ausgewaschen und es entsteht eine carbonathaltige Kalkmarsch. Durch eine fortschreitende Entkalkung kann es auch zur Entstehung einer Kleinmarsch kommen, die des Weiteren durch Versauerung und Silikatverwitterung gezeichnet ist (Vgl. Semmel 1993, S 65).

Abbildung 11: Trockengelegtes Marschgebiet

6. Lehrplanbezug

Die Thematik der glazialen Serie lässt sich in die Sekundarstufe eins einordnen. Unter dem Thema „Naturbedingungen in ihrer Bedeutung für den Menschen" ist das Unterthema „Einblick in die Gestalt und Beschaffenheit der Erdoberfläche für den Menschen" zu finden, in welchem die Morphologie und die glaziale Serie im Alpenraum unter dem Stichwort „exogene Kräfte" aufgeführt wurden. In diesem Kontext bietet sich nicht nur eine theoretische Abhandlung des Themas an, sondern auch eine praktische Übung oder Exkursion im Gelände (beispielsweise nach Nord- oder Süddeutschland) (Vgl. Lehrpläne Lernbereich Gesellschaftswissenschaften 1999, S. 65).

7. Zusammenfassung (Handout)

Die glaziale Serie

- Albrecht Penck und Eduart Brückner prägten diesen Begriff
- Typische Abfolge eiszeitlicher Formungen
- Regelhafte Anordnung glazialer Formen können unterschiedlich ausgeprägt überformt sein
- Ablagerungen der letzten Eiszeit (Würm-Weichsel-Kaltzeit) sind am besten in der Landschaft erhalten

Begriff: Alt- und Jungmoräne

- Unterschiedlich alte Landschaftsformen
- Altmoränen → Saale-Riß- und Elster-Eiszeit (130.000 bis 800.000 Jahre alt)
  → Meist überprägte Landschaftsformen, selten klar erkennbare Formen
- Jungmoränen → Würm-Weichsel-Eiszeit (11.000 bis 115.000 Jahre alt)
  → Lebhaftes Relief, abflusslose Hohlformen, größere Seen, keine bevorzugte Entwässerungsrichtung

Geschiebemergel

- Grundmoränenbereich
- Zerriebenes und kristallines Gesteinsmaterial und carbonatisches Gestein der Kreidezeit
- Vorwiegend im östlichen Schleswig-Holstein zu finden
- Ausgangslage: Permafrostgebiet mit Auftauphasen (Frosthebung, Eiskeilbildung)
- Ableitung von überschüssigem Bodenwasser → Ausbildung von Lockersyrosemen
  → In feuchten Gebiete: Tundrengleye
  → In nassen Senken: Moore

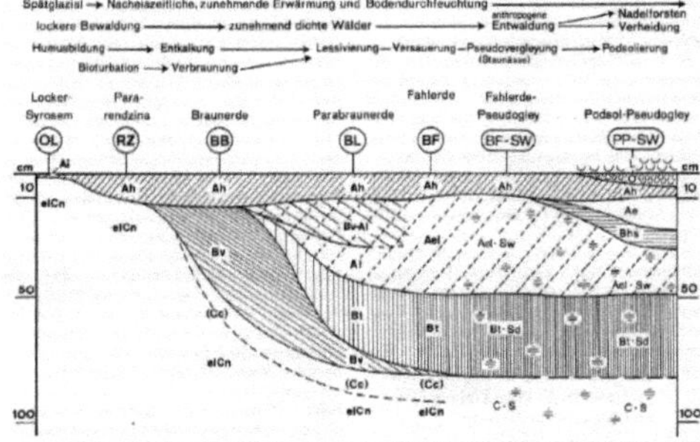

Abb. 116. Bodenentwicklung auf weichseleiszeitlichem Geschiebemergel seit dem Spätglazial der Weichseleiszeit im atlantisch-gemäßigten Klimagebiet Mitteleuropas. Stark schematisch. (Entwurf ROESCHMANN 1984).

<u>**Sander**</u>

- Bestehen aus glazialfluviatilen, fluvialen und äolischen Sande
- In trockenen Lagen mit Bewaldung → Braunerden und Bänderparabraunerden
  - → gleichzeitige Podsolierung (Podsol-Braunerden)
- Entwaldung und Verheidung → sekundäre Podsolierung (Podsolhorizonte mit Ortstein)

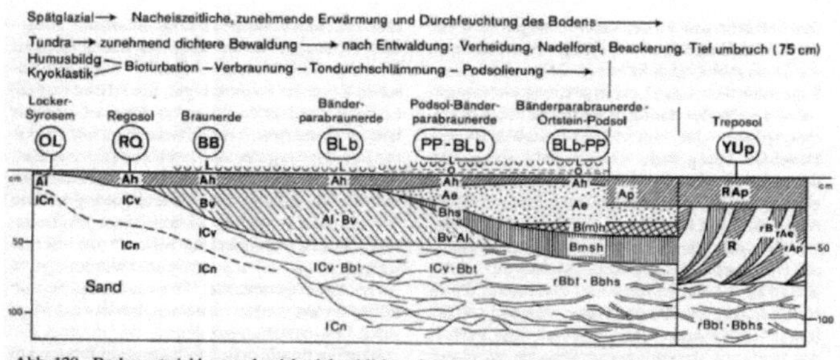

Abb. 120. Bodenentwicklung auf weichseleiszeitlichem Sand seit dem Spätglazial der Weichseleiszeit im gemäßigten Klimagebiet Mitteleuropas. Stark schematisch (Entwurf ROESCHMANN 1984).

<u>**Bänderparabraunerde**</u>

- Entstehung auf schwach saurem Boden
- Tondurchschlämmung setzt ein → Ablagerung der Bodenteilchen im Bv-Horizont
  - → Bildung von Tonanreicherungsbändern in unterschiedlicher Ausprägung
- Sickerwasserfronten kamen durch eingeschlossene Luft zum Stillstand
  - → Folgen: langsamere Verdunstung und Absatz der mitgeführten Feinstoffe
- Schnell ablaufende Bodendurchschlämmung durch schwach sauren Boden und hohe Wasserdurchlässigkeit des Flugsandes
- Geringes Angebot an verlagerbaren Feinstoffen
  - →Entstehung eines ICv-Bbt-Horizontes mit dünnen Tonanreicherungsbändern
    - → Bodenprofil: Bänderparabraunerde

<u>**Urstromtal**</u>

- Geprägt durch Schmelzwasserströme aus dem Inland
  - → Verlaufen parallel zum jeweiligen Eisrand
- Ostwestlicher Verlauf der Urstromtäler aufgrund der Abdachung des Landes und des Inlandeises bzw. der Schmelzwasserablagerungen
- Mittelgebirgsflüsse und Schmelzwässer folgten Tiefenlinien nach Westen
- Abtauen des Eises führte zu neuen Erosionsbasen an Nord- und Ostsee
- In versumpften Gebiete → Grundwasserböden
  - → Oft künstlich entwässert durch Enttorfung und/oder Fehnkultur (landwirtschaftlich nutzbar machen)
- Bodenarten: vorwiegend Gleye und Niedermoore

<u>**Klima**</u>

- Schleswig-Holstein & Mecklenburg-Vorpommern (Küstenregion) → Pseudogley- und Gleyböden
- Schleswig-Holstein & Uckermark → Parabraunerden, seltener: Schwarzerdeähnlich
- Nordwest-Südost orientierte Abfolge resultierend aus klimatischen Bedingungen
- Nordwest: Maritimeres Klima
- Südost: Kontinentaleres Klima

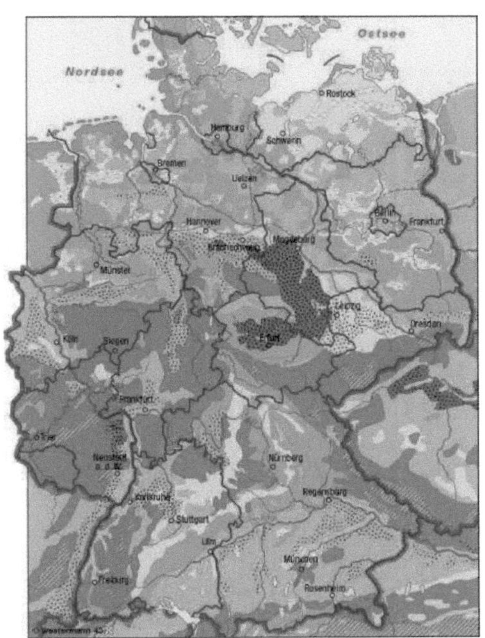

Lehrplanbezug

- Sekundarstufe I
- Thema: Naturbedingungen in ihrer Bedeutung für den Menschen
- Unterthema: Einblick in die Gestalt und Beschaffenheit der Erdoberfläche für den Menschen
  → Exogene Kräfte: Morphologie und Glaziale Serie im Alpenraum
- Exkursion nach Nord- oder Süddeutschland

Literatur

AHNERT, Frank (2009): Einführung in die Geomorphologie. 4. Aufl. Stuttgart: UTB.

DIERCKE Weltatlas (2008): Kartenangabe. ?. Aufl. Braunschweig: Westermann.

KUNTZE, Herbert; Roeschmann, Günter; Schwerdtfeger, Georg (1988): Bodenkunde. 4. erweiterte und überarb. Aufl. Stuttgart: UTB.

LIEDTKE, Herbert (Hrsg.) (2002): Physische Geographie Deutschlands. 3. überarb. und erw. Aufl. Gotha: Klett Verlag.

SEMMEL, Arno (1993): Grundzüge der Bodengeographie. 3. überarb. Aufl. München: Teubner Verlag.

ZEPP, Harald (2014): Geomorphologie – Eine Einführung. 6. aktualisierte Aufl. Paderborn: Schöningh.

Quellen

http://www.h-age.net/images/lexikon-steinzeit-eiszeit.jpg [Stand: 19.04.2016]

http://www2.klett.de/sixcms/media.php/76/glaziale_serie.jpg [Stand: 18.11.2015]

http://media.diercke.net/omeda/800/100700_055_2.jpg [Stand: 18.11.2015]

https://upload.wikimedia.org/wikipedia/commons/thumb/1/1f/Ortstein.jpg/594px-Ortstein.jpg [Stand: 18.11.2015]

http://www.themenpark-umwelt.baden-wuerttemberg.de/servlet/is/28556/__SLIDE__6617_5 20Kopie.jpg?command=downloadCont ent&filename=__SLIDE__6617_5 20Kopie.jpg [Stand: 18.11.2015]

http://img.geocaching.com/cache/3dc3ee28-b725-4342-a630-b11f32b13c5f.jpg?rnd=0.6390697?rnd=0.8179394 [Stand: 18.11.2015]

http://www.isafold.de/thjorsarver01/gifs/windkanter.jpg [Stand: 18.11.2015]

http://www.suedsee-camp.de/uploads/pics/Heide_08.jpg [Stand: 18.11.2015]

http://www.hochgebirgsarchaeologie.at/index.php/photogallerie/sachthemen/image?view=i mage&format=raw&type=img&id=1795 [Stand: 28.11.2015]

http://www.geographie.uni-stuttgart.de/exkursionsseiten/Nwd2001/Themen_pdf/Glazialformen.pdf [Stand: 28.11.2015]

https://upload.wikimedia.org/wikipedia/commons/thumb/0/0d/L C3 BCneburger_Heide_10 9.jpg/800px-L C3 BCneburger_Heide_109.jpg [Stand: 01.12.2015]

https://upload.wikimedia.org/wikipedia/commons/thumb/9/93/Buelkau_-Hadelner_Kanal-_2005_by-RaBoe.jpg/450px-Buelkau_-Hadelner_Kanal-_2005_by-RaBoe.jpg [Stand: 01.12.2015]

file:///C:/Users/Nutzer/Downloads/Erdkunde7-10_01.pdf [Stand: 18.04.2016]

Abbildungsverzeichnis